Duden Schülerhilfen

Textaufgaben 4. Klasse

Übungen zum Sachrechnen
für den Zahlenraum bis 1 000 000

Bibliografische Information der Deutschen Bibliothek
Die Deutsche Bibliothek verzeichnet diese Publikation
in der Deutschen Nationalbibliografie;
detaillierte bibliografische Daten sind im Internet
über http://dnb.ddb.de abrufbar.

Redaktionelle Leitung: Katja Schüler
Lektorat: Kattrin Stier
Herstellerische Leitung: Claudia Rönsch
Layout: Sigrid Hecker
Umschlagkonzept: Bender & Büwendt, Berlin
Satz und Herstellung: Katrin Kleinschrot, Stuttgart
Druck und Bindung: Stalling GmbH, Oldenburg
Printed in Germany
ISBN 3-411-72041-7

Duden Schülerhilfen

Textaufgaben 4. Klasse

Übungen zum Sachrechnen für den Zahlenraum bis 1 000 000

von Ute Müller-Wolfangel
und Beate Schreiber

mit Illustrationen von Carsten Märtin

Dudenverlag
Mannheim · Leipzig · Wien · Zürich

Inhaltsverzeichnis

Die Arbeit mit diesem Buch

Um Mathematik im täglichen Leben anwenden zu können, musst du nicht nur ein guter Rechner sein, sondern auch eine Vorstellung von Größen entwickeln. Damit dir das gelingt, brauchst du vor allem Übung. Mit den Aufgaben in diesem Band trainierst du die Grundrechenarten mit Größen im Zahlenraum bis 1 000 000. Beim Rechnen kannst du Lösungswege anwenden, die du schon in der Schule gelernt hast, oder auch neue Strategien dazulernen. Ausführlich werden die einzelnen Lösungsschritte erklärt, nach denen du beim Rechnen von Textaufgaben vorgehen kannst.

Bei den Aufgaben gibt es immer wieder etwas zu entdecken. Deshalb ist das Üben abwechslungsreich und wird nicht langweilig.

Wir wünschen dir beim Üben Freude und viel Erfolg.

Es gibt verschiedene Möglichkeiten zu üben

1. Wenn du mit dem ersten Kapitel auf Seite 10 beginnst und eine Doppelseite nach der anderen bearbeitest, hast du alle wichtigen Rechenverfahren für deine Altersstufe wiederholt.

2. Wenn du in der Schule schon viel gelernt hast und nur einige Lücken schließen willst, kannst du dir im Inhaltsverzeichnis die entsprechenden Kapitel heraussuchen und damit üben.

So arbeitest du mit den einzelnen Kapiteln

1. Sieh dir bei jedem neuen Kapitel zuerst das entsprechende Bild an. Lies die Sätze in den Sprechblasen.

2. Lies die Merksätze und die Beispiele im gelben Kasten aufmerksam durch. Der rote Pfeil weist dich darauf hin, dass hier die Rechenwege erklärt werden. Manchmal gibt es auch mehrere Lösungswege.

3. Bearbeite die Übungsaufgaben und schreibe deine Rechnungen in die Rechenkästchen. Wenn der Platz nicht reicht, schreibe auf einem Blatt Papier weiter. Benutze einen weichen Bleistift, dann kannst du deine Fehler leichter korrigieren.

4. Dieses Zeichen bedeutet, dass du zum Rechnen ein Blatt kariertes Papier oder ein Rechenheft brauchst.

5. Das Ausrufezeichen am Rand kennzeichnet besonders kniffelige Aufgaben.

6. Versuche, auf Textaufgaben immer in ganzen Sätzen zu antworten. Wenn du die Aufgaben bearbeitet hast, kannst du deine Lösungen überprüfen. Den Lösungsteil findest du ab Seite 68.

7. Zum Nachschlagen findest du auf Seite 9 eine Liste mit Fachbegriffen der Mathematik und auf Seite 79 eine Liste mit den verschiedenen Maßeinheiten.

Fachbegriffe der Mathematik

E	Einer
Z	Zehner
H	Hunderter
T	Tausender
ZT	Zehntausender
HT	Hunderttausender
M	Million

$<$	ist kleiner als
$>$	ist größer als
$=$	gleich
$\approx$	gerundet, ungefähr

$+$	Addition: plus addieren, zusammenzählen, hinzufügen
$-$	Subtraktion: minus subtrahieren, abziehen, wegnehmen
$\cdot$	Multiplikation: mal multiplizieren, malnehmen
$:$	Division: geteilt durch dividieren, teilen

Geld

Rechnen mit Geld ist ganz einfach. Du kannst genauso rechnen wie bei der Addition, Subtraktion, Multiplikation und Division. **Vergiss die Angabe Euro oder Cent nicht!**

Überschlag:

8,90 € ≈ 9,00 €   28 ≈ 30   30 · 9,00 € = 270,00 €

So kannst du Geldbeträge in Kommaschreibweise multiplizieren:

Rechenweg 1

8,90 € = 890 ct

8	9	0 ct ·	2	8	
	1	7	8	0	
	1 7	1	2	0	
	2	4	9	2	0 ct
	2	4	9,	2	0 €

Rechenweg 2

Achte auf das Komma!

8,	9	0 € ·	2	8	
	1	7	8	0	
	1 7	1	2	0	
	2	4	9,	2	0 €

Kommazahlen multiplizieren

1. Überschlage zuerst, dann multipliziere schriftlich. Umrande die Aufgabenkärtchen jeweils mit der gleichen Farbe wie die Ergebnisse.

8,04 € · 8

172,20 €

36,98 € · 24

1529,82 €

14,35 € · 12

887,52 €

64,32 €

20,46 € · 19

108,54 € · 9

78,80 € · 43

3388,40 €

1913,76 €

976,86 €

84,99 € · 18

53,16 € · 36

388,74 €

2. Setze immer <, > oder = ein. Überschlage zuerst in den roten Kärtchen. Danach rechne schriftlich die blauen Kärtchen aus.

1000,00 € ○ 100 € · 8

1000,00 € ○ 124,12 € · 8

20 € · 6 ○ 150 €

24,18 € · 6 ○ 150 €

50 € · 21 ○ 846,68 €

45,08 € · 21 ○ 846,68 €

2450 € ○ 100 € · 20

2450 € ○ 122,50 € · 20

30 € · 11 ○ 367,24 €

29,34 € · 11 ○ 367,24 €

32 € · 3 ○ 20 € · 6

32,12 € · 3 ○ 16,06 € · 6

3. Sefir braucht für seinen Discman 4 neue Batterien. Jede Batterie kostet 1,69 €. Wie viel kosten die Batterien?

Antwort: ....

4. Anita kauft 3 Leuchtstifte in den Farben Blau, Gelb und Orange. Ein Stift kostet 2,39 €. Sie bezahlt mit einem 50-€-Schein. Wie viel Geld bekommt sie zurück?

Antwort: ....

5. Ein Kind geht 12-mal ins Schwimmbad. Eine Einzelkarte kostet 1,80 €. Die Zwölferkarte 20 €. Wie viel Geld spart das Kind, wenn es eine Zwölferkarte kauft?

Antwort: ....

Überschlag: 23,50 € ≈ 24,00 €   24 € : 2 = 12 €

So kannst du Geldbeträge in Kommaschreibweise dividieren. **Vergiss die Angabe Euro oder Cent nicht!**

Rechenweg 1

23,50 € = 2350 ct

2 3 5 0 ct : 2 = 1175 ct
2
0 3
  2
  1 5
  1 4
    1 0
    1 0
      0

Rechenweg 2

Achte auf das Komma!

2 3, 5 0 € : 2 = 11,75 €
2
0 3
  2
  1 5
  1 4
    1 0
    1 0
      0

Kommazahlen dividieren

1. Überschlage zuerst, indem du eine günstige Zahl aus der 7er-Reihe suchst. Schreibe den Überschlag ins mittlere Rad. Dann dividiere schriftlich und schreibe das Ergebnis in das innere Rad. Die Lösungszahl erhältst du, wenn du alle Ergebnisse aus dem inneren Rad addierst.

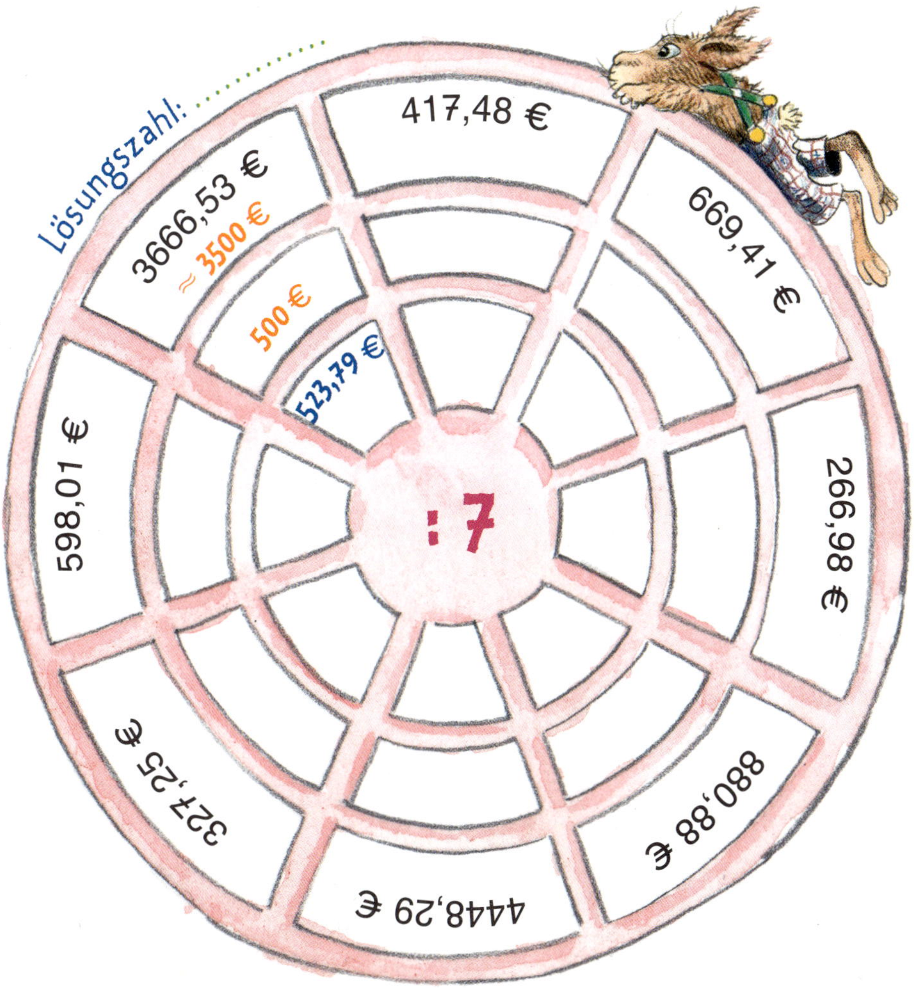

2. Dividiere schriftlich. Was fällt dir auf?

:	10	5	3	30	4	40
2712,00 €						
4099,20 €						
1786,80 €						

3. Eine Schule hat für die Pausenkiste 8 Pedalos und 3 Wackelbretter gekauft. Die Pedalos haben 739,20 € und die Wackelbretter 345,00 € gekostet. Berechne die Einzelpreise und den Gesamtbetrag, den die Schule bezahlen musste.

Antwort: ....

....

....

4. Eine Lottogemeinschaft (5 Personen) gewinnt 9378,75 €. Jeder bekommt den gleichen Anteil am Gewinn. Wie viel ist das?

Antwort: ....

Von der Einheit zur Mehrheit

1. Berechne die Preise.

Tüte Gummibärchen

Anzahl	1	2	4	5	10
Preis	0,79 €				

2. Berechne jeweils, was ein Tennisball kostet.

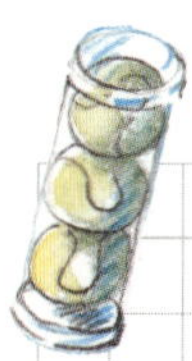

7,20 € Antwort: ....

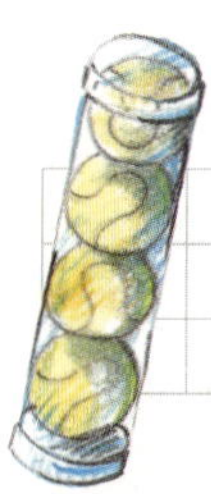

9,60 € Antwort: ....

10,50 € Antwort: ....

3. Die Kinder haben Fotos vom Klassenausflug nachbestellt. Rechne aus, was sie für ihre Abzüge bezahlen müssen.

		Sandra	Olaf	Jutta	Miriam
Stück	1	3	5	11	8
Preis	0,29 €				

Übungen

1. Berechne.

378,84 € + 708,16 € + 1314,86 € + 27,93 € =

458,36 € + 2961,18 € + 179,04 € + 809,00 € =

2. Subtrahiere von 100 000 €.

78 312,08 €   39 508,14 €   9003,05 €   7458,36 €

3. Familie Biker kauft für ihre 3 Kinder neue Mountainbikes zu je 398,99 €. Die Mutter bezahlt mit drei 500-€-Scheinen. Wie viel Geld bekommt sie zurück?

Längen

Rechnen mit Längen ist ganz einfach. Du kannst genauso rechnen wie bei der Addition, Subtraktion, Multiplikation und Division. **Vergiss die Maßeinheit nicht!**

Überschlag: 63,50 m ≈ 60 m   7 · 60 m = 420 m

So kannst du Längenangaben in Kommaschreibweise multiplizieren:

Rechenweg 1

63,50 m = 6350 cm

6 3 5 0 cm · 7

4 4 4 5 0 cm

= 4 4 4, 5 0 m

Rechenweg 2

Achte auf das Komma!

6 3, 5 0 m · 7

4 4 4, 5 0 m

Kommazahlen multiplizieren

1. Überschlage zuerst, indem du jede Meterzahl auf die höchste Stelle rundest. Rechne dann schriftlich.

9

	Ü	Erg.
7,65 m ≈ 8 m	72 m	
9,32 m		
24,03 m		
18,41 m		
112,50 m		
40,98 m		

14

	Ü	Erg.
9,75 m ≈ 10 m	140 m	
17,06 m		
83,42 m		
90,83 m		
198,75 m		
34,46 m		

Überschlag: 23,40 m ≈ 23 m   18 ≈ 20   23 m : 20 ≈ 1 m

So kannst du Längenangaben in Kommaschreibweise dividieren. **Vergiss die Maßeinheit nicht!**

Rechenweg 1

23,40 m = 2340 cm

2 3 4 0 cm : 18 = 130 cm
1 8   1,30 m
  5 4
  5 4
    0 0
    0 0
      0

Rechenweg 2

Achte auf das Komma!

2 3,4 0 m : 1 8 = 1,30 m
1 8
  5 4
  5 4
    0 0
    0 0
      0

Kommazahlen dividieren

1. Rechne schriftlich.

:	4	6	3	12
144,72 m				
			289,44 m	
		254,04 m		

Längen

Kommazahlen addieren und subtrahieren

1. Schreibe untereinander und berechne.

45,73 m + 121,68 m + 73 cm + 4,06 m = ...

540,820 km – 3 km 2 m = ...

248 km + 248 m + 2420 m = ...

11 745 m – 3 km 24 m = ...

2. Berechne und gib das Ergebnis in Kilometer an.

389,175 km	9828 m	+	504 m	1,382 km
78,065 km	43 260 m	–	34,567 km	6718 m
8,040 km	3645 m	+	1 km	1 m

3. Bei der Abfahrt zeigt der Kilometerzähler eines Autos 68 593 km an. Was zeigt er nach einer Fahrstrecke von 384,800 km an?

Antwort: ....

4. Bei einer 6-tägigen Rallye legt ein Auto insgesamt 4572 km zurück. Am 1. Tag fährt es 1098 km, am 2. Tag 733 km, am 3. Tag 894 km, am 4. Tag 347,500 km. Wie viele Kilometer fährt es an den letzten beiden Tagen zusammen?

Antwort: ....

Längen

Das sind Bruchteile von Längen:

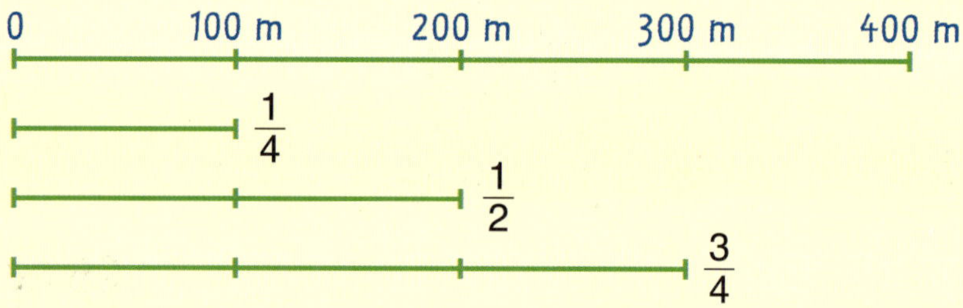

Die Hälfte von 400 m ist 200 m.

Bruchschreibweise:

$\frac{1}{2}$ von 400 m — Rechne so: 400 m : 2 = 200 m

$\frac{1}{4}$ von 400 m — Rechne so: 400 m : 4 = 100 m

$\frac{3}{4}$ von 400 m — Rechne so: 400 m : 4 = 100 m

100 m · 3 = 300 m

Brüche und dazugehörige Zahlen

1. Färbe Gleiches mit der entsprechenden Farbe ein.

10 000 cm

0,500 km

$\frac{1}{2}$ km

50 cm

0,20 m

$\frac{1}{4}$ m

100 m

0,25 m

$\frac{1}{10}$ km

75 cm

$\frac{1}{2}$ m

0,75 m

25 cm

20 cm

0,50 m

$\frac{1}{5}$ m

$\frac{3}{4}$ m

500 m

2. Ordne die Bruchzahlen der Größe nach.

....

....

Längen

Von der Einheit zur Mehrheit

1. Berechne die einzelnen Gesamtlängen.

Bahnen im Schwimmbad

	1	5	7	12	25
Länge (m)	25 m				
Länge (km)	0,025 km				

2. Berechne den Meterpreis. Welches Seil ist am günstigsten?

3. René und Anna trainieren jeden Tag auf dem Sportplatz. René läuft 18 Runden à 400 m. Anna läuft sogar 32 Runden à 250 m. Wer läuft mehr Kilometer? Wie groß ist der Unterschied?

Antwort: ....

Übungen

1. Ergänze auf 10 km.

7,200 km   5628,00 m   3567 m   5,475 km

2. Multipliziere jede Zahl mit 8, dividiere das Ergebnis immer durch 3.

2448 km   397,50 m   5445,30 cm   978,300 km

3. Florian und Nico vergleichen den Kilometerstand auf ihren Fahrradtachos. Florians Tacho zeigt 68,320 km an. Nicos nur $\frac{3}{4}$ davon.

Gewichte

Rechnen mit Gewichten ist ganz einfach. Du kannst genauso rechnen wie bei der Addition, Subtraktion, Multiplikation und Division. **Vergiss die Maßeinheit nicht!**

Du kannst Gewichtsangaben unterschiedlich aufschreiben. Das Komma trennt Kilogramm und Gramm.

Gewichte kannst du auch in einer Stellenwerttafel notieren:

1500 g = 1 kg 500 g = 1,500 kg
= 1,5 kg

3 t 475 kg

kg	100 g	10 g	1 g
1	5	0	0

t	100 kg	10 kg	1 kg
3	4	7	5

Gewichtsangaben vergleichen

1. Immer 3 Säcke gehören zusammen. Verbinde.

2. Verbinde der Größe nach.

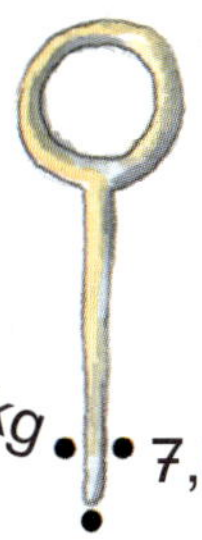

75,200 kg
7,520 kg
752 g
752,275 kg
752 000 g
7,525 kg
7 kg 752 g

7052 g
1967 g
752 260 g
752 kg 200 g
1 kg 976 g
752,257 kg

Rechnen mit Gewichten

1. Trage in die Stellenwerttafel ein.

	kg	100 g	10 g	1 g
1325 g				
13 250 g				
13 025 g				
130 250 g				

2. Schreibe alle Gewichte aus der Stellenwerttafel als Kommazahl in kg.

....

....

3. Trage in die Stellenwerttafel ein.

	t	100 kg	10 kg	1 kg
1125 kg				
21 025 kg				
210 000 kg				
725 100 kg				

4. Wie viele Kilogramm fehlen bis zu einer Tonne?
Ergänze.

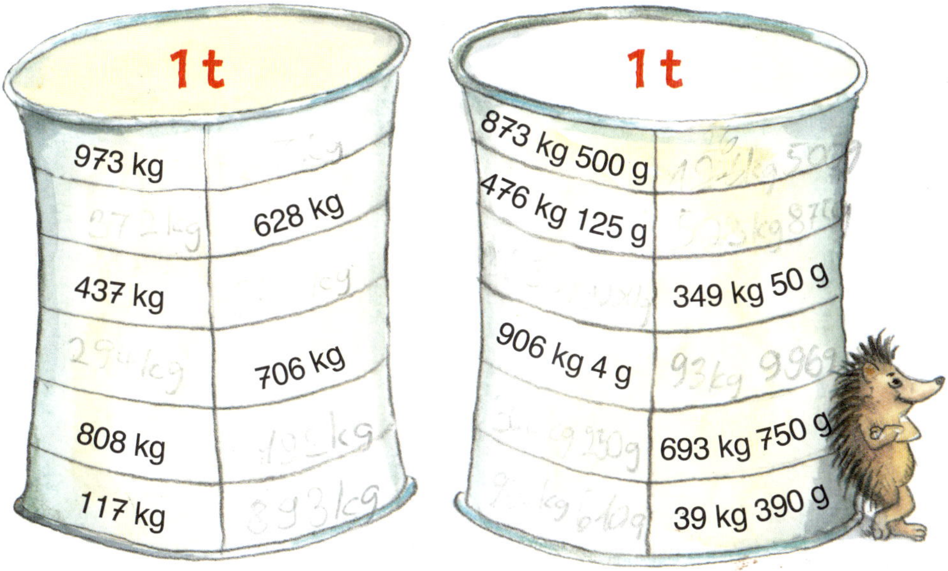

5. Berechne das Gesamtgewicht.

Verpackung	3,470 kg	45 kg	1750 g	2 kg 300 g
Inhalt	18,375 kg	3 t 000 kg	6,075 kg	2 kg 750 g
Gesamt	21,845 kg			

6. Fülle die Tabelle aus.

:	5	10	4
2375 kg			
6309 kg			
		90,780 kg	

7. Welche Ergebnisse sind gleich? Verbinde.

1 t 212 kg + 188 kg

10 t – 3596 kg

8 · 175 kg

128 t 720 kg – 56 t 380 kg

51232 kg : 8

998 kg + 71 t 342 kg

8. Das zulässige Gesamtgewicht einer Brücke ist 5 t. Ein Laster wiegt 3782 kg. Seine Ladung wiegt 2430 kg und Fahrer und Beifahrer sind zusammen 155 kg schwer. Darf der Laster über die Brücke fahren?

Antwort: ....

9. Ein Laster transportiert Erde ab. Er fährt 12-mal und lädt jedes Mal 875 kg. Berechne in Tonnen, wie viel Erde er abfährt.

Antwort: ....

Gewichte

Von der Einheit zur Mehrheit

1. Ergänze die Preise.

Gewicht	100 g	200 g	250 g	500 g	750 g
Preis	1,50 €				

2. Berechne die Kilopreise.

Antwort: ....

Antwort: ....

Antwort: ....

3. Daniel, Lene und Eylem bessern ihr Taschengeld auf und verteilen Prospekte. Sie holen ihre gebündelten Pakete gemeinsam im Supermarkt ab. In jedem Paket sind 50 Prospekte. Ein Paket wiegt 2,5 kg. Eylem verteilt 120 Prospekte, Daniel 150 Stück und Lene 230 Stück. Wie schwer sind alle Prospekte zusammen?

Antwort: ....

Übungen

1. Berechne.

7398 kg	17 564,250 kg	+	3453,700 kg	328 475 g

2813 kg	24 514 g	·	6	18

2. Auf einem Sportplatz wird der Sand in der Weitsprunggrube ausgetauscht. Es werden insgesamt 1 t 80 kg Sand eingefüllt, das sind 18 Schubkarren voll Sand. Wie schwer ist der Sand in einer Schubkarre, wenn jede Schubkarre gleich viel enthält?

Hohlmaße

Flüssigkeiten werden in Liter (l) oder Milliliter (ml) gemessen: 1000 ml = 1 l

Das sind Bruchteile von einem Liter:

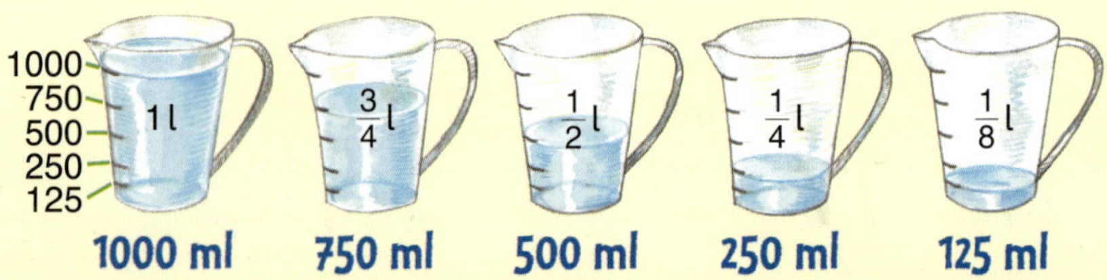

Rechnen mit Hohlmaßen ist ganz einfach. Du kannst genauso rechnen wie bei der Addition, Subtraktion, Multiplikation und Division. **Vergiss die Maßeinheit nicht!**

Hohlmaße vergleichen und ergänzen

1. Wandle die Maße in ml um. Ordne sie dann der Größe nach.

.... < .... < .... < ....

< .... < .... < ....

2. Wie viel fehlt zu 1 l? Ergänze.

	785 ml
333 ml	
850 ml	
	250 ml
829 ml	

3. Setze <, > oder = ein.

$\frac{1}{2}$ l	◯	450 ml	$1\frac{1}{2}$ l	◯	1250 ml
705 ml	◯	$\frac{3}{4}$ l	$2\frac{1}{4}$ l	◯	2500 ml
$\frac{1}{4}$ l	◯	250 ml	10 000 ml	◯	100 l
$\frac{3}{4}$ l	◯	125 ml	$\frac{1}{8}$ l	◯	125 ml

4. Ergänze zum nächsten Liter.

5 l 400 ml + ... ml = 6 l

2 l 200 ml + ... ml = ... l

12 l 375 ml + ... ml = ... l

.... ml + 8175 ml = ... l

.... ml + 5050 ml = ... l

Übungen

1. Berechne.

3 t 400 kg	73 t 920 kg	3,5 kg	+	565 kg	998 kg	56 kg

79 050 kg	52 t 700 kg	21 680 kg	–	3 t 20 kg	8007 kg

2. Wandle um in Milliliter.

$\frac{1}{2}\,l + \frac{1}{4}\,l + \frac{3}{4}\,l = ...$ ml

$1\frac{1}{2}\,l + \frac{1}{8}\,l + 3\,l = ...$ ml

$5\,l + 1\frac{1}{2}\,l + 4\,\frac{1}{4}\,l = ...$ ml

$7\,l - \frac{3}{4}\,l = ...$ ml

$21\,l - 6\frac{1}{2}\,l = ...$ ml

$120\,l - \frac{1}{4}\,l = ...$ ml

3. Eine Lehrerin kauft Milch für ein gesundes Klassenfrühstück ein. In der Klasse sind 27 Kinder. Jedes Kind soll einen Viertelliter Milch trinken können. Wie viel Milch muss sie besorgen? Wie viele 1-Liter-Flaschen muss sie kaufen, damit es für alle reicht?

4. Ein Kasten enthält 24 Saftflaschen. In jeder Flasche ist ein halber Liter Saft. Wie viel Liter Saft sind insgesamt in dem Kasten?

So kannst du eine Zeitdauer oder Zeitspanne ausrechnen:

9.54 Uhr → + 3 h 20 min → 13.14 Uhr

Zeitpunkt — Zeitdauer oder Zeitspanne — Zeitpunkt

9.54 Uhr → + 3 h → 12.54 Uhr → + 20 min → 13.14 Uhr

Zeitspannen und Zeitpunkte berechnen

1. Wie lange dauert die Fahrt ab Mannheim?
Schaue im Fahrplan nach.

9.31	**ICE** 🍴	Stuttgart 10.08 – Ulm 11.06 – Augsburg 11.47 – Mü-Pasing 12.16 – **München 12.25** ⊙	**5**
9.34	**RE**	Heidelberg 9.48 – Eberbach 10.14 – Mosbach-Neckarelz 10.28 ⊙ – **Heilbronn 10.51**	**7b**
9.34	**ICE**	Mainz 10.14 – Wiesbaden 10.27 – Limburg 10.50 – Montabaur 11.00 – **Köln 11.34** ⊙	**8**
9.35	**ICE** 🍴	Frankfurt ✈ (Airport) 10.05 – Siegburg/Bonn 10.46 – Köln 11.06 ⊙ – Hagen 11.59 – **Dortmund 12.21**	**3**
9.35	**ICE** 🍴	Karlsruhe 9.58 – Offenburg 10.29 – Freiburg 11.02 – **Basel 11.46**	**4**
9.37	Ⓢ	Heidelberg 9.53 – Eberbach 10.28 – Mosbach-Neckarelz 10.47 – **Osterburken 11.23**	**9a**
9.38	**RE**	Schwetzingen 9.50 – Hockenheim 9.58 – Waghäusel 10.05 – **Karlsruhe 10.33**	**10a**
9.38	**RE**	MA-Waldhof 9.43 – Lampertheim 9.49 – Biblis 9.58 ⊙ – **Frankfurt Hbf 10.45**	**7a**

Abfahrt	Dauer der Fahrt	Ankunft	Zielort
9.38 Uhr		10.45 Uhr	
9.37 Uhr		11.23 Uhr	
9.35 Uhr		10.29 Uhr	
9.31 Uhr		11.06 Uhr	

2. Wann fahren die Züge ab, wann kommen sie an?

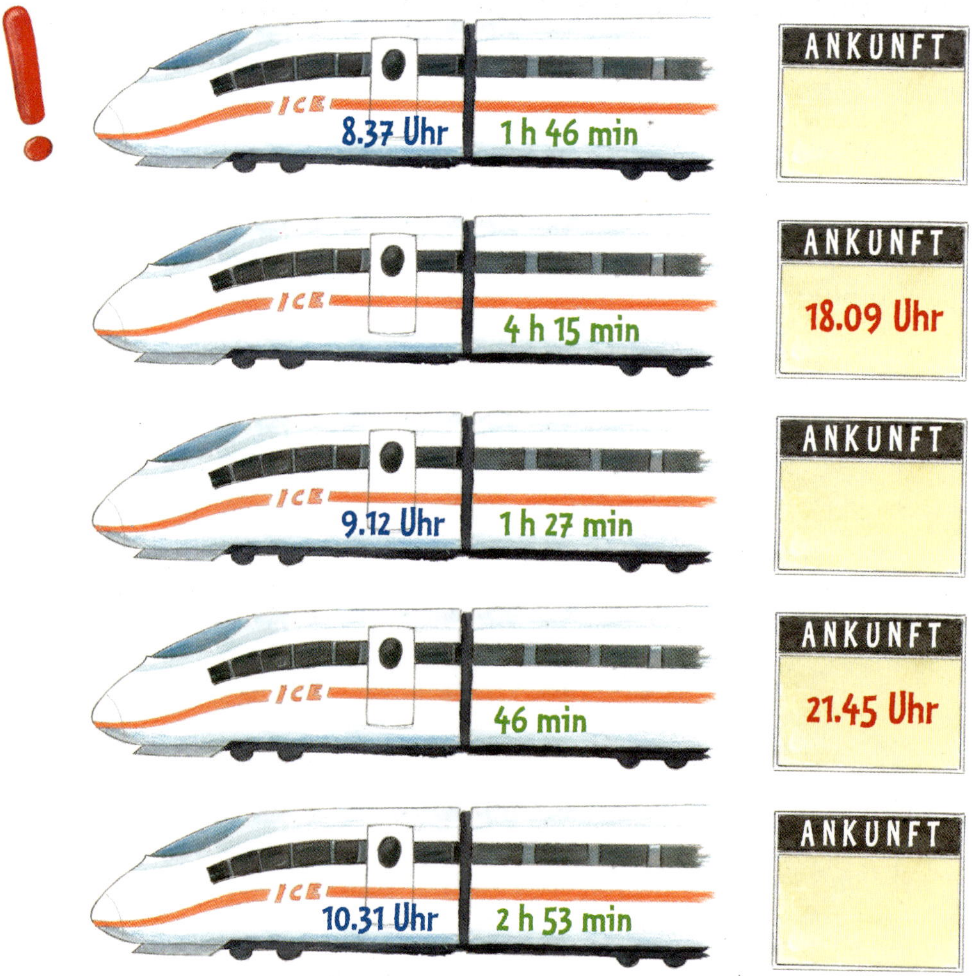

3. Finde die schnellsten Verbindungen. Trage Abfahrtszeit, Fahrtdauer und Ankunftszeit ein. Schaue im Fahrplan von Mannheim auf Seite 43 nach.

ab Mannheim → an Karlsruhe

.... → ....

ab Mannheim → an Köln

.... → ....

ab Mannheim → an Heidelberg

.... → ....

ab Mannheim → an Wiesbaden

.... → ....

Zeit

Mit Zeiten umgehen

1. Fülle die Lücken aus.

min	s
895 min	
1216 min	
	350 400 s
15 min 35 s	
	72 049 s
	960 000 s

h	min
15 h 37 min	
48 h 51 min	
	15 360 min
67 h 3 min	
	6671 min
72 h 35 min	

2. Welche Zifferblätter zeigen 1 Sekunde später oder 1 Minute später oder 1 Stunde später an? Färbe sie in der entsprechenden Farbe ein.

9.04 07 · 0.00 00 · 11.05 08 · 5.07 04 · 0.00 59 · 5.07 05 · 10.06 08 · 9.04 08 · 6.07 04 · 0.59 59 · 10.05 09 · 5.08 04 · 23.59 59 · 10.05 08 · 10.04 07 · 9.05 07

3. Für eine Fahrradtour trifft sich die Klasse 4b um 7.50 Uhr. Nach $1\frac{1}{2}$ Stunden Fahrzeit wird eine Pause eingelegt. Die Kinder fahren um 10.45 Uhr weiter. Um 13.45 Uhr sind sie wieder an der Schule. Wie lange waren sie insgesamt unterwegs?

Antwort: ....

4. Max ist sehr sportlich. Er geht zweimal in der Woche von 15.30 Uhr bis 16.45 Uhr zum Fußballtraining. An einem der Tage hat er noch von 17.00 bis 18.00 Uhr Tennistraining. In der Schule hat er 3 Stunden Sport. Eine Schulstunde wird mit 45 Minuten berechnet. Wie viel Zeit verbringt Max jede Woche beim Sport?

Antwort: ....

Zeit

Rechnen mit Zeitangaben

1. Rechne aus, wie viele Tage jede Jahreszeit hat (kein Schaltjahr).

Frühlingsanfang 21.3. ....

Sommeranfang 21.6. ....

Herbstanfang 23.9. ....

Winteranfang 22.12. ....

2. Rechne um in Stunden.

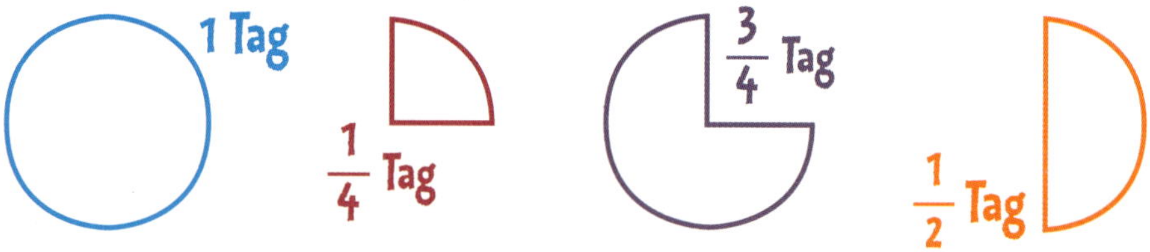

....

3. Rechne um in Monate.

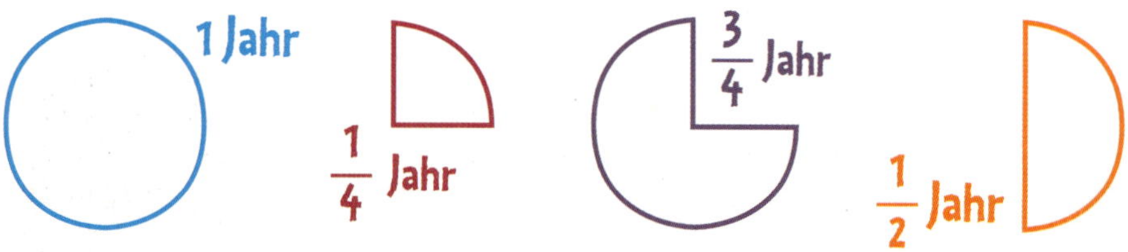

....

4. Wie viele Tage liegen dazwischen? Berechne.

5. Fülle die Lücken aus.

Jahre	Monate
6 Jahre 3 Monate	
3,5 Jahre	
	63 Monate
10 Jahre 10 Monate	
	240 Monate
	50 Monate

Wochen	Tage
3 Wochen 5 Tage	
	100 Tage
52 Wochen 1 Tag	
150 Wochen	
	2114 Tage
142 Wochen 6 Tage	

6. Beantworte die Fragen.

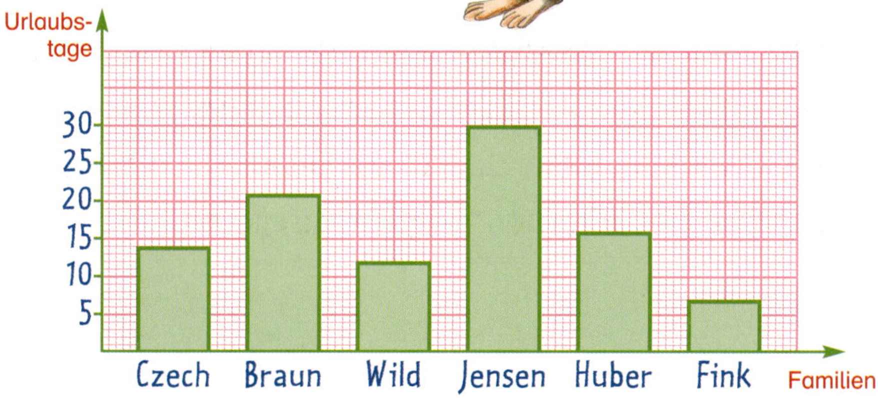

Wer hat 3 Wochen Urlaub? ....

Wer ist mehr als 4 Wochen in Urlaub? ....

Wer ist weniger als 1 Woche in Urlaub? ....

Von der Einheit zur Mehrheit

1. Berechne für jede Zeitangabe die Kosten.

Anzahl	1 h	1,5 h	8 h	15 h	22 h
Kosten	17,50 €				

2. Susannes Klavierstunde kostet jede Woche 17,50 €. In den Ferien (14 Wochen) muss nichts bezahlt werden. Was müssen Susannes Eltern im Jahr insgesamt für den Klavierunterricht ausgeben?

Antwort: ....

3. Welche Strecken legen die Tiere zurück? Ergänze.

	30 min	2 h	5 h	1 min
Gepard	60 km			
Strauß			360 km	
Katze		96 km		

4. In einer Schule werden die Fenster geputzt. Ein Fensterputzer braucht für 1 Fenster 15 Minuten. Im Erdgeschoss gibt es 16 Fenster. Im Obergeschoss sind es 22 Fenster. Wie lange brauchen 2 Fensterputzer, bis alle Fenster geputzt sind?

Antwort: ....

Übungen

1. Berechne die Zeitdauer:

von 9.58 Uhr bis 17.05 Uhr

von 14.07 Uhr bis 0.21 Uhr

von 23.19 Uhr bis 5.18 Uhr

vom 27. Januar bis 19. Februar

vom 24. März bis 5. Juli

vom 1. Oktober bis 21. Dezember

vom 24. Dezember bis 15. Februar

2. Wandle um:

in Minuten:	5 Tage 3 h 20 min
in Stunden:	1 Woche 4 Tage 12 h;
	1 Monat (Juli) 3 Wochen $2\frac{1}{2}$ Tage
in Sekunden:	$3\frac{3}{4}$ h 17 s

3. Svenja hat am 27. Juli Geburtstag und wird 11 Jahre alt. Ihre Schwester ist genau $3\frac{1}{4}$ Jahre jünger als sie. An welchem Datum hat die Schwester Geburtstag und wie alt wird sie dann?

4. Hannah hat in einer Woche (Montag bis Freitag) insgesamt 5 h und 45 min Hausaufgaben gemacht. Wie viele Minuten hat sie durchschnittlich pro Tag für ihre Hausaufgaben gebraucht?

Lösungsschritte bei Textaufgaben

1. Lies die Aufgabe genau durch.
2. Unterstreiche in Blau alle wichtigen Angaben.
3. Unterstreiche in Rot die Frage oder formuliere selbst eine Frage.
4. Überlege, ob dir eine Zeichnung helfen kann.
5. Schreibe die Rechenschritte auf und rechne aus.
6. Überprüfe die Rechnung noch einmal.
7. Formuliere einen Antwortsatz und vergleiche die Antwort mit der Frage.

Beispiel

Schritt 1

Britta kauft einen Computer für 644,99 €, einen Drucker für 138,99 € und einen Monitor für 129,75 €. Sie hat 1000 €. Wie viel Geld ist noch für Tastatur und Maus übrig?

Schritt 2

Britta kauft einen Computer für 644,99 €, einen Drucker für 138,99 € und einen Monitor für 129,75 €. Sie hat

1000 €. Wie viel Geld ist noch für Tastatur und Maus übrig?

Schritt 3

Britta kauft einen Computer für 644,99 €, einen Drucker für 138,99 € und einen Monitor für 129,75 €. Sie hat 1000 €. Wie viel Geld ist noch für Tastatur und Maus übrig?

Schritt 4

644,99 € 138,99 € 129,75 €

Schritt 5

	6	4	4,	9	9	€
	1	3	8,	9	9	€
+	1	2	9,	7	5	€
	1	2	2	2		
	9	1	3,	7	3	€

	1	0	0	0,	0	0	€
–		9	1	3,	7	3	€
	1	1	1	1	1		
			8	6,	2	7	€

Schritt 6

	9	1	3,	7	3	€
+		8	6,	2	7	€
1	1	1	1	1		
1	0	0	0,	0	0	€

Schritt 7

Antwort: Für Tastatur und Maus sind noch 86,27 € übrig.

Wichtige Angaben und Fragen erkennen

1. Wende die Lösungsschritte 1 bis 3 an.

Ganz schön schwer

Eine Löwenmutter wiegt 150 kg. Ein junger Löwe wiegt bei der Geburt 1500 g. Wievielmal schwerer ist die Löwenmutter als ihr Junges?

Marathon

Herr Schnellfuß trainiert 5-mal die Woche für einen Marathonlauf. Er läuft jeden Tag die Marathonstrecke von 42,195 km. Wie viele Kilometer legt er in einer Woche zurück?

Wasserverbrauch

Eine vierköpfige Familie verbraucht pro Tag durchschnittlich 510 l Wasser. Wie viele Liter Wasser verbraucht sie in 4 Wochen?

2. Wende die Lösungsschritte 4 bis 7 an.

Ganz schön schwer

Zeichnung:

Antwort: ....

Marathon

Zeichnung:

Antwort: ....

Wasserverbrauch

Zeichnung:

Antwort: ....

Die richtigen Fragen finden

1. Wende die Lösungsschritte 1 bis 3 an und unterstreiche die Fragen, die du berechnen kannst.

Kultur

Die Klasse 4 c bezahlt für einen Museumsbesuch, an dem 27 Kinder und 9 Erwachsene teilnehmen, insgesamt 270 €. Ein Kind zahlt halb so viel wie ein Erwachsener.

Frage A: In welchem Museum war die Klasse?
Frage B: Was muss ein Kind bezahlen?
Frage C: Wie viele Jungen, wie viele Mädchen waren dabei?
Frage D: Wie teuer ist der Eintritt für Erwachsene?
Frage E: Wie lange war die Klasse im Museum?

Natur

Klaus, Ingo, Alia und Tom fahren mit dem Zug in den Zoo. Sie gehen um 8.45 Uhr aus dem Haus und kommen um 16.15 Uhr wieder zurück.

Frage A: Um wie viel Uhr ist der Zug abgefahren?
Frage B: Wie lange waren sie im Zoo?
Frage C: Wie lange hat der Zug gebraucht?
Frage D: Wie lange waren sie unterwegs?
Frage E: Was haben sie zusammen bezahlt?

2. Wende die Lösungsschritte 4 bis 7 an.

Kultur

Zeichnung:

Antwort: ....

Natur

Zeichnung:

Antwort: ....

Passende Fragen aufschreiben

1. Wende die Lösungsschritte 1 bis 3 an und schreibe eine passende Frage auf!

Teuer

Frau Bleifuß ist 42 Jahre alt und fährt mit ihrem neuen Auto an die Tankstelle. Sie tankt 58 l. Der Literpreis beträgt 1,08 €. Sie bezahlt mit einem 50-€-Schein und einem 20-€-Schein.

Frage: ....

....

....

....

Schnell ans Ziel

Von Hamburg nach München benötigt der ICE 6 h 7 min. Der Zug kommt um 18.14 Uhr in München an.

Frage: ....

....

....

2. Wende die Lösungsschritte 4 bis 7 an.

Teuer

Zeichnung:

Antwort: ....

Schnell ans Ziel

Zeichnung:

Antwort: ....

Textaufgaben für Profis

1. Wende alle Lösungsschritte 1 bis 7 an.

Fußballweltmeisterschaft

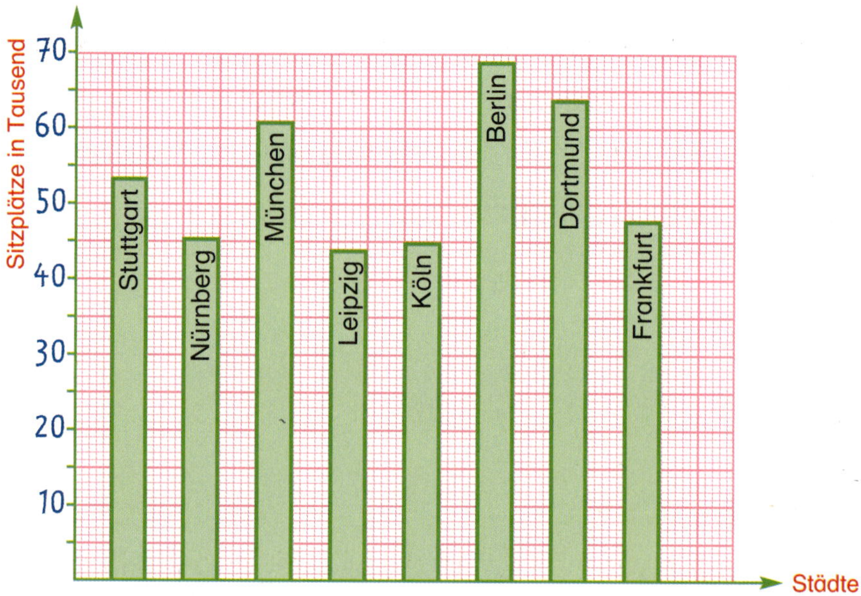

Diese Stadien wurden für die Fußballweltmeisterschaft umgebaut und erweitert. An einem der Spieltage sind die Stadien in Stuttgart und Berlin ausverkauft. Wie viele Zuschauer sind das insgesamt?

Antwort: ....

Große Ferien

Familie Toury mietet für den Sommerurlaub ein Wohnmobil für 4 Personen. Der Kilometerzähler zeigt 48 743 km. Die Familie macht eine Italienrundreise. Nach 6 Wochen zeigt der Kilometerzähler 51 543 km. Der Benzinverbrauch für das Wohnmobil beträgt im Durchschnitt 7,4 l auf 100 km. Wie viele Liter Benzin musste Familie Toury tanken?

Antwort: ....

Stadtbesichtigung

Die Tourys wollen eine Stadtbesichtigung in Rom machen. Sie stellen das Wohnmobil um 9.45 Uhr ab. Um 12.00 Uhr setzen sie sich in eine Pizzeria. Nach $1\frac{1}{4}$ Stunden laufen sie weiter. Um 15.30 Uhr besuchen sie ein Eiscafé und um 16.10 Uhr nehmen sie an einer Stadtrundfahrt teil. Um 22.30 Uhr kommen sie müde zu ihrem Wohnmobil zurück. Wie lange waren sie ohne die Pausen unterwegs?

Antwort: ....

2. Finde zuerst passende Fragen und wende dann die Lösungsschritte an.

Klangerlebnis

Herr und Frau Stein kaufen eine neue Stereoanlage. Sie zahlen 240 € an. Das ist der 6.Teil des Kaufpreises. Den Rest zahlen sie in 16 Monatsraten.

Frage 1: ....

Frage 2: ....

....

Antwort 1: ....

Antwort 2: ....

Restmüll pro Leerung	
80-l-Tonne	3,50 €
120-l-Tonne	4,95 €
140-l-Tonne	5,65 €
240-l-Tonne	9,30 €

Grundgebühr pro Jahr	
80-l-Tonne	31,85 €
120-l-Tonne	45,25 €
140-l-Tonne	51,90 €
240-l-Tonne	85,35 €

Müllprobleme

Familie Unrat hat eine 120-l-Tonne für Restmüll. Diese wird wöchentlich geleert. Familie Sparsam hat eine 140-l-Tonne und lässt diese nur 27-mal pro Jahr leeren. Benutze beide Tabellen.

Frage 1: ....

Frage 2: ....

Frage 3: ....

Antwort 1: ....

Antwort 2: ....

Antwort 3: ....

Übungen

Bearbeite die Aufgaben nach den 7 Lösungsschritten.

1. Franziska hat ein Handy. Der letzten Rechnung lag ein neues Angebot bei.

Alter Tarif:

Grundgebühr: 4,95 €; Hauptzeit: 1 Gesprächseinheit kostet 38 ct; Nebenzeit: 1 Gesprächseinheit kostet 23 ct.

Neuer Tarif:

Grundgebühr: 25 € mit 100 freien Gesprächseinheiten. Jede weitere Einheit kostet 46 ct.

Franziska hat im letzten Monat 25 Einheiten in der Hauptzeit und 50 Einheiten in der Nebenzeit telefoniert. Müsste sie nach dem neuen Tarif weniger zahlen?

2. In einem großen Hasenstall sind mehrere Hasen und an der Wand sitzen ein paar Spinnen. Zusammen haben die Hasen und die Spinnen 20 Köpfe und 108 Beine. Wie viele Hasen und Spinnen sind in dem Stall?

3. Zu ihrer Geburtstagsfeier wünscht sich Christina eine Kinderbowle. Die Mutter gießt in eine Bowlenschüssel: 1,5 l Orangensaft, 0,75 l Grapefruitsaft, 0,5 l Johannisbeersaft und 2,25 l Mineralwasser. Wie viele Gläser können gefüllt werden, wenn in jedes Glas 0,2 l passen?

4. Vergrößere 8395 um das 8-Fache von 6135 und subtrahiere von diesem Ergebnis den 7. Teil von 151 123. Subtrahiere dieses Ergebnis von 100 000.

5. Familie Fink hat 3118, 50 € geerbt. Peter Fink bekommt doppelt so viel wie seine Schwester Claudia. Jan erhält halb so viel wie Claudia. Wie viel bekommt jeder?

6. In einem Klassenzimmer sollen 3 Leinen zum Aufhängen von Schülerarbeiten gespannt werden. Jede Leine wird 8,35 m lang. Es gibt Rollen mit 25 m oder 50 m Schnur. Welche Rolle muss der Lehrer kaufen?

7. Ein Lastwagen transportiert Obst und Gemüse für eine Supermarktkette. Der Laster kann höchstens mit 1 t 700 kg beladen werden. Es werden 850 kg Kartoffeln, 22 Zwiebelsäcke mit je 10 kg, 8 Kisten Äpfel mit je 25 kg, 12 Kisten Birnen mit je 20 kg und Bananenkisten aufgeladen. Wie viele Bananenkisten mit je 30 kg können noch dazugepackt werden?

Lösungshilfen

Seite 11–13

1. 8,04 € · 8 = 64,32 €
20,46 € · 19 = 388,74 €
14,35 € · 12 = 172,20 €
78,80 € · 43 = 3388,40 €

36,98 € · 24 = 887,52 €
84,99 € · 18 = 1529,82 €
108,54 € · 9 = 976,86 €
53,16 € · 36 = 1913,76 €

2. 1000,00 € > 100 € · 8
1000,00 € > 124,12 € · 8

20 € · 6 < 150 €
24,18 € · 6 < 150 €

50 € · 21 > 846,68 €
45,08 € · 21 > 846,68 €

2450 € > 100 € · 20
2450 € = 122,50 € · 20

30 € · 11 < 367,24 €
29,34 € · 11 < 367,24 €

32 € · 3 < 20 € · 6
32,12 € · 3 = 16,06 € · 6

3. 1,69 € · 4 = 6,76 € Antwort: Sie kosten 6,76 €.

4. 2,39 € · 3 = 7,17 € 50,00 € – 7,17 € = 42,83 €
Antwort: Sie bekommt 42,83 € zurück.

5. 1,80 € · 12 = 21,60 € 21,60 € – 20,00 € = 1,60 €
Antwort: Das Kind spart 1,60 €.

Seite 15–17

1. 417,48 € : 7 = 59,64 €
≈ 420 € : 7 = 60 €

669,41€ : 7 = 95,63 €
≈ 700 € : 7 = 100 €
≈ 630 € : 7 = 90 €

266,98 € : 7 = 38,14 €
≈ 280 € : 7 = 40 €

880,88 € : 7 = 125,84 €
≈ 910 € : 7 = 130 €
≈ 840 € : 7 = 120 €

4448,29 € : 7 = 635,47 €
≈ 4200 € : 7 = 600 €

327,25 € : 7 = 46,75 €
≈ 350 € : 7 = 50 €

598,01 € : 7 = 85,43 €
≈ 560 € : 7 = 80 €
≈ 630 € : 7 = 90 €

Lösungszahl: 1610,69 €

2.

:	10	5	3	30	4	40
2712,00 €	271,20 €	542,40 €	904,00 €	90,40 €	678,00 €	67,80 €
4099,20 €	409,92 €	819,84 €	1366,40 €	136,64 €	1024,80 €	102,48 €
1786,80 €	178,68 €	357,36 €	595,60 €	59,56 €	446,70 €	44,67 €

· 2   : 10   : 10

3. 739,20 € : 8 = 92,40 €   345,00 € : 3 = 115,00 €
739,20 € + 345,00 € = 1084,20 € Antwort: Ein Pedalo kostet 92,40 €. Ein Wackelbrett kostet 115,00 €. Die Schule musste insgesamt 1084,20 € bezahlen.

4. 9378,75 € : 5 = 1875,75 € Antwort: Jeder Anteil beträgt 1875,75 €.

Seite 18/19

1.

Anzahl	1	2	4	5	10
Preis	0,79 €	1,58 €	3,16 €	3,95 €	7,90 €
		·2	·2		·2

2. 7,20 € : 3 = 2,40 € Antwort: Ein Tennisball kostet 2,40 €.
9,60 € : 4 = 2,40 € Antwort: Ein Tennisball kostet 2,40 €.
10,50 € : 6 = 1,75 € Antwort: Ein Tennisball kostet 1,75 €.

3.

Stück	1	3	5	11	8
Preis	0,29 €	0,87 €	1,45 €	3,19 €	2,32 €

Übungen Seite 19

1. 378,84 € + 708,16 € + 1314,86 € + 27,93 € = 2429,79 €
458,36 € + 2961,18 € + 179,04 € + 809,00 € = 4407,58 €

2. 21 687,92 € 60 491,86 € 90 996,95 € 92 541,64 €

3. Sie bekommt 303,03 € zurück.

Seite 21

1.

	Ü (·9)	Erg.
7,65m ≈ 8m	72m	68,85m
9,32m ≈ 9m	81m	83,88m
24,03m ≈ 20m	180m	216,27m
18,41m ≈ 20m	180m	165,69m
112,50m ≈ 100m	900m	1012,50m
40,98m ≈ 40m	360m	368,82 m

	Ü (·14)	Erg.
9,75m ≈ 10m	140m	136,50m
17,06m ≈ 20m	280m	238,84m
83,42m ≈ 80m	1120m	1167,88m
90,83m ≈ 90m	1260m	1271,62m
198,75m ≈ 200m	2800m	2782,50m
34,46m ≈ 30m	420m	482,44m

Seite 23

1.

:	4	6	3	12
144,72 m	36,18 m	24,12 m	48,24 m	12,06 m
868,32 m	217,08 m	144,72 m	289,44 m	72,36 m
1524,24 m	381,06 m	254,04 m	508,08 m	127,02 m

Seite 24/25

1. 45,73 m + 121,68 m + 0,73 m + 4,06 m = 172,20 m
   540,820 km – 3,002 km = 537,818 km
   248 km + 0,248 km + 2,420 km = 250,668 km
   1,1745 km – 3,024 km = 8,721 km

2. 389,175 km + 0,504 km = 389,679 km
   389,175 km + 1,382 km = 390,557 km
   9,828 km + 0,504 km = 10,332 km
   9,828 km + 1,382 km = 11,210 km

   78,065 km – 34,567 km = 43,498 km
   78,065 km – 6,718 km = 71,347 km
   43,260 km – 34,567 km = 8,693 km
   43,260 km – 6,718 km = 36,542 km

   8,040 km + 1,000 km = 9,040 km
   8,040 km + 0,001 km = 8,041 km
   3,645 km + 1,000 km = 4,645 km
   3,645 km + 0,001 km = 3,646 km

3. 68 593,000 km + 384,800 km = 68 977,800 km
   Antwort: Der Kilometerzähler zeigt 68 977,800 km an.

4. 1098,000 km + 733,000 km + 894,000 km + 347,500 km = 3072,500 km
   4572,000 km – 3072,500 km = 1499,500 km
   Antwort: An den beiden letzten Tagen fährt es 1499,500 km.

Seite 27

1. $\frac{1}{5}$ m = 20 cm = 0,20 m $\frac{1}{10}$ km = 10 000 cm = 100 m
   $\frac{1}{2}$ m = 0,50 m = 50 cm $\frac{3}{4}$ m = 75 cm = 0,75 m
   $\frac{1}{2}$ km = 0,500 km = 500 m $\frac{1}{4}$ m = 25 cm = 0,25 m

2. $\frac{1}{5}\text{ m} < \frac{1}{4}\text{ m} < \frac{1}{2}\text{ m} < \frac{3}{4}\text{ m} < \frac{1}{10}\text{ km} < \frac{1}{2}\text{ km}$

Seite 28/29

1.

Anzahl	1	5	7	12	25
Länge (m)	25 m	125 m	175 m	300 m	625 m
Länge (km)	0,025 km	0,125 km	0,175 km	0,300 km	0,625 km

2. 83 : 50 = 1,66 — 1 m kostet 1,66 €.
99 : 60 = 1,65 — 1 m kostet 1,65 €.
88 : 55 = 1,60 — 1 m kostet 1,60 €.
Antwort: Das Seil mit 55 m ist am günstigsten.

3. 400 m · 18 = 7200 m   250 m · 32 = 8000 m
8000 m – 7200 m = 800 m = 0,800 km
Antwort: Anna läuft jeden Tag 0,800 km mehr.

Übungen Seite 29

1. 2,800 km   4372 m   6433 m   4,525 km

2. 6528 km   1060 m   14520,80 cm   2608,800 km

3. Nicos Tachostand zeigt 51,240 km an.

Seite 31

1. 13 kg 750 g – 13,750 kg – 13750 g
7 kg 45 g – 7045 g – 7,045 kg
137 kg 6 g – 137006 g – 137,006 kg

2.

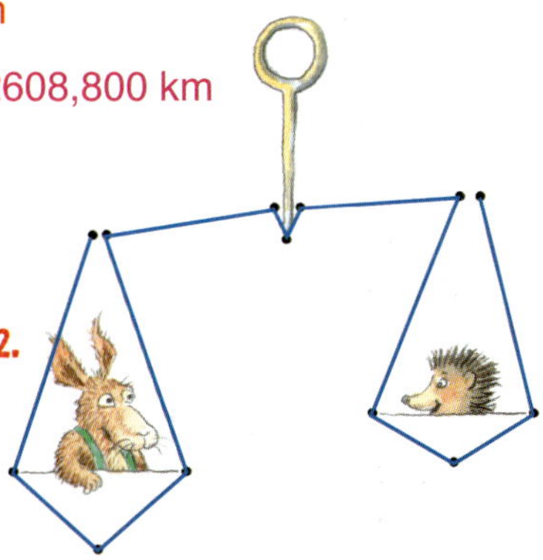

Seite 32–35

1.

	kg	100 g	10 g	1 g
1325 g	1	3	2	5
13250 g	13	2	5	0
13025 g	13	0	2	5
130250 g	130	2	5	0

3.

	t	100 kg	10 kg	1 kg
1125 kg	1	1	2	5
21025 kg	21	0	2	5
210000 kg	210	0	0	0
725100 kg	725	1	0	0

2. 1,325 kg   13,250 kg   13,025 kg   130,250 kg

4. 1 t = 1000 kg; 973 kg + 27 kg; 372 kg + 628 kg; 437 kg + 563 kg; 294 kg + 706 kg; 808 kg + 192 kg; 117 kg + 883 kg

1 t = 1000 kg; 873 kg 500 g + 126 kg 500 g; 476 kg 125 g + 523 kg 875 g; 650 kg 950 g + 349 kg 50 g; 906 kg 4 g + 93 kg 996 g; 306 kg 250 g + 693 kg 750 g; 960 kg 610 g + 39 kg 390 g

5.

Verpackung	3,470 kg	45 kg	1750 g	2 kg 300 g
Inhalt	18,375 kg	3 t 000 kg	6,075 kg	2 kg 750 g
Gesamtgewicht	21,845 kg	3 t 45 kg	7,825 kg	5 kg 50 g

6.

:	5	10	4
2375 kg	475 kg	237,500 kg	593,750 kg
6309 kg	1261,800 kg	630,900 kg	1577,250 kg
907,800 kg	181,560 kg	90,780 kg	226,950 kg

7. 8 · 175 kg = 1400 kg
1 t 212 kg + 188 kg = 1t 400 kg = 1400 kg

128 t 720 kg – 56 t 380 kg = 72 t 340 kg
998 kg + 71 t 342 kg = 72 t 340 kg

10 t – 3596 kg = 6 t 404 kg
51 232 kg : 8 = 6404 kg = 6 t 404 kg

8. 3782 kg + 2430 kg + 155 kg = 6367 kg = 6 t 367 kg
Antwort: Der Laster darf nicht über die Brücke fahren. Er ist zu schwer.

9. 875 kg · 12 = 10500 kg = 10 t 500 kg
Antwort: Der Laster fährt 10 t 500 kg ab.

Seite 36/37

1.

Gewicht	100 g	200 g	250 g	500 g	750 g
Preis	1,50 €	3,00 €	3,75 €	7,50 €	11,25 €

2. 198 ct : 2 = 99 ct oder 1,98 € : 2 = 0,99 € 1 kg kostet 0,99 €.
282 ct : 3 = 94 ct oder 2,82 € : 3 = 0,94 € 1 kg kostet 0,94 €.
475 ct : 5 = 95 ct oder 4,75 € : 5 = 0,95 € 1 kg kostet 0,95 €.

3. 120 + 150 + 230 = 500 500 : 50 = 10 2,5 kg · 10 = 25 kg
Antwort: Sie müssen insgesamt 25 kg tragen.

Übungen Seite 37

1. 10 851,700 kg; 7726,475 kg; 21 017,950 kg; 17 892,725 kg
16 878 kg; 50 634 kg; 147,084 kg; 441,252 kg

2. 1080 kg : 18 = 60 kg Antwort: In jeder Schubkarre sind 60 kg Sand.

Seite 39/40

1. 3 l = 3000 ml 1 l = 1000 ml 10 l = 10 000 ml 2 l = 2000 ml

$1\frac{1}{2}$ l = 1500 ml $\frac{1}{2}$ l = 500 ml $\frac{3}{4}$ l = 750 ml

500 ml < 750 ml < 1000 ml < 1500 ml
< 2000 ml < 3000 ml < 10 000 ml

2. 1 l = 215 ml + 785 ml 1 l = 333 ml + 667 ml 1 l = 850 ml + 150 ml
1 l = 750 ml + 250 ml 1 l = 829 ml + 171 ml

3. $(\frac{1}{2}\,l)$ 500 ml > 450 ml

705 ml < 750 ml $(\frac{3}{4}\,l)$

$(\frac{1}{4}\,l)$ 250 ml = 250 ml

$(\frac{3}{4}\,l)$ 750 ml > 125 ml

$(1\frac{1}{2}\,l)$ 1500 ml > 1250 ml

$(2\frac{1}{4}\,l)$ 2250 ml < 2500 ml

(10 000 ml) 10 l < 100 l

$(\frac{1}{8}\,l)$ 125 ml = 125 ml

4. 5 l 400 ml + 600 ml = 6 l

12 l 375 ml + 625 ml = 13 l

950 ml + 5050 ml = 6 l

2 l 200 ml + 800 ml = 3 l

825 ml + 8175 ml = 9 l

Übungen Seite 41

1.

3 t 965 kg	74 t 485 kg	568,500 kg
4 t 398 kg	74 t 918 kg	1001,500 kg
3 t 456 kg	73 t 976 kg	59,500 kg
76 030 kg	49 680 kg	18 660 kg
71 043 kg	44 693 kg	13 673 kg

2. 1500 ml 6250 ml 4625 ml 14 500 ml 10 750 ml 119 750 ml

3. 27 · 0,25 l = 6,750 l Antwort: Sie muss 6,750 l Milch einkaufen. Sie muss also sieben 1-Liter-Flaschen kaufen.

4. $\frac{1}{2}$ l = 500 ml 500 ml · 24 = 12 000 ml = 12 l

Antwort: In dem Kasten sind 12 l Saft.

Seite 43–45

1.

Abfahrt	Dauer der Fahrt	Ankunft	Zielort
9.38 Uhr	1 h 7 min	10.45 Uhr	Frankfurt
9.37 Uhr	1 h 46 min	11.23 Uhr	Osterburken
9.35 Uhr	54 min	10.29 Uhr	Offenburg
9.31 Uhr	1 h 35 min	11.06 Uhr	Ulm

2.

8.37 Uhr	1 h 46 min	10.23 Uhr
13.54 Uhr	4 h 15 min	18.09 Uhr
9.12 Uhr	1 h 27 min	10.39 Uhr
20.59 Uhr	46 min	21.45 Uhr
10.31 Uhr	2 h 53 min	13.24 Uhr

3. ab Mannheim 9.35 Uhr $\xrightarrow{+\,23\text{ min}}$ an Karlsruhe 9.58 Uhr

ab Mannheim 9.35 Uhr $\xrightarrow{+\,1\text{ h }31\text{ min}}$ an Köln 11.06 Uhr

ab Mannheim 9.34 Uhr $\xrightarrow{+\,14\text{ min}}$ an Heidelberg 9.48 Uhr

ab Mannheim 9.34 Uhr $\xrightarrow{+\,53\text{ min}}$ an Wiesbaden 10.27 Uhr

Seite 46/47

1.

895 min	53 700 s
1216 min	72 960 s
5840 min	350 400 s
15 min 35 s	935 s
1200 min 49 s	72 049 s
16 000 min	960 000 s

15 h 37 min	937 min
48 h 51 min	2931 min
256 h	15 360 min
67 h 3 min	4023 min
111 h 11 min	6671 min
72 h 35 min	4355 min

2.

9.04 07	9.04 08	9.05 07	10.04 07
23.59 59	0.00 00	0.00 59	0.59 59
5.07 04	5.07 05	5.08 04	6.07 04
10.05 08	10.05 09	10.06 08	11.05 08

3. 7.50 Uhr $\xrightarrow{+\,5\text{ h }55\text{ min}}$ 13.45 Uhr

Antwort: Sie waren 5 Stunden und 55 Minuten unterwegs.

4. 15.30 Uhr $\xrightarrow{+\,1\text{ h }15\text{ min}}$ 16.45 Uhr 1 h 15 min · 2 = 2 h 30 min

17.00 Uhr $\xrightarrow{+\,1\text{ h}}$ 18.00 Uhr 45 min · 3 = 135 min = 2 h 15 min

2 h 30 min + 1 h + 2 h 15 min = 5 h 45 min

Antwort: Max verbringt in der Woche 5 h 45 min beim Sport.

Seite 48–50

1. Frühling 11 Tage + 30 Tage + 31 Tage + 20 Tage = 92 Tage

Sommer 10 Tage + 31 Tage + 31 Tage + 22 Tage = 94 Tage

Herbst 8 Tage + 31 Tage + 30 Tage + 21 Tage = 90 Tage

Winter 10 Tage + 31 Tage + 28 Tage + 20 Tage = 89 Tage

2. 1 Tag = 24 h $\frac{1}{4}$ Tag = 6 h $\frac{3}{4}$ Tag = 18 h $\frac{1}{2}$ Tag = 12 h

3. 1 Jahr = 12 Monate $\frac{1}{4}$ Jahr = 3 Monate

$\frac{3}{4}$ Jahr = 9 Monate $\frac{1}{2}$ Jahr = 6 Monate

4. Zwischen 15. Mai und 6. Juni liegen 21 Tage.
Zwischen 15. Mai und 6. November liegen 174 Tage.
Zwischen 15. Mai und 21. September liegen 128 Tage.
Zwischen 1. April und 6. Juni liegen 65 Tage.
Zwischen 1. April und 19. Juli liegen 108 Tage.
Zwischen 1. April und 6. November liegen 218 Tage.
Zwischen 21. September und 18. Oktober liegen 26 Tage.
Zwischen 18. Oktober und 8. Januar liegen 81 Tage.
Zwischen 19. Juli und 8. Januar liegen 172 Tage.

5.

6 Jahre 3 Monate	75 Monate	3 Wochen 5 Tage	26 Tage
3,5 Jahre	42 Monate	14 Wochen 2 Tage	100 Tage
5 Jahre 3 Monate	63 Monate	52 Wochen 1 Tag	365 Tage
10 Jahre 10 Monate	130 Monate	150 Wochen	1050 Tage
20 Jahre	240 Monate	302 Wochen	2114 Tage
4 Jahre 2 Monate	50 Monate	142 Wochen 6 Tage	1000 Tage

6. Fam. Czech: 14 Tage; Fam. Braun: 21 Tage = 3 Wochen;
Fam. Wild: 12 Tage; Fam. Jensen: 30 Tage = mehr als 4 Wochen;
Fam. Huber: 16 Tage; Fam. Fink: 7 Tage; weniger als 1 Woche: keiner.

Seite 51/52

1. Für 1,5 h: 26,25 €; 8 h: 140 €; 15 h: 262,50 €; 22 h: 385 €

2. 52 – 14 = 38 17,50 € · 38 = 665,00 €
Antwort: Der Klavierunterricht für 1 Jahr kostet 665,00 €.

3.

	30 min	2 h	5 h	1 min
Gepard	60 km	240 km	600 km	2 km
Strauß	36 km	144 km	360 km	1,200 km
Katze	24 km	96 km	240 km	0,800 km

4. 16 + 22 = 38 15 min · 38 = 570 min
570 min : 2 = 285 min = 4 h 45 min
Antwort: Die beiden Fensterputzer brauchen zusammen 4 h 45 min.

Übungen Seite 53

1. 7 h 7 min; 10 h 14 min; 5 h 59 min; 23 Tage; 103 Tage; 81 Tage;
53 Tage

2. 7400 min; 276 h; 1308 h; 13 517 s

3. Die Schwester hat am 27. Oktober Geburtstag und wird dann 8 Jahre alt.

4. 345 min : 5 = 69 min = 1 h 9 min Antwort: Sie hat durchschnittlich 1 h 9 min pro Tag für die Hausaufgaben gebraucht.

Seite 56/57

Ganz schön schwer

… Löwenmutter – 150 kg … junger Löwe – 1500 g. Wievielmal schwerer ist die Löwenmutter als ihr Junges?
150 kg = 150 000 g   150 000 g : 1500 g = 100
Antwort: Die Löwenmutter ist 100-mal schwerer als ihr Junges.

Marathon

… 5-mal die Woche … 42,195 km. Wie viele Kilometer legt er in einer Woche zurück? 42,195 km · 5 = 210,975 km
Antwort: Er läuft in einer Woche 210,975 km.

Wasserverbrauch

… pro Tag … 510 l Wasser. Wie viel Liter Wasser verbraucht sie in 4 Wochen? 510 l · 7 = 3570 l   3570 l · 4 = 14 280 l
Antwort: Die Familie verbraucht in vier Wochen 14 280 l Wasser.

Seite 58/59

Kultur

… 27 Kinder … 9 Erwachsene … 270 €. Ein Kind zahlt halb so viel wie ein Erwachsener. Frage B: Was muss ein Kind bezahlen?
Frage D: Wie teuer ist der Eintritt für Erwachsene?
9 · 2 = 18   27 + 18 = 45   270 € : 45 = 6 €   6 € · 2 = 12 €
Antwort zu B: Ein Kind muss 6 € bezahlen.
Antwort zu D: Ein Erwachsener muss 12 € bezahlen.

Natur

… um 8.45 Uhr aus dem Haus … um 16.15 Uhr wieder zurück.
Frage D: Wie lange waren sie unterwegs?
8.45 Uhr —(+ 7 h 30 min)→ 16.15 Uhr
Antwort zu D: Sie waren 7 h 30 min unterwegs.

Seite 60/61

Teuer

… 58 l … Literpreis – 1,08 € … bezahlt mit einem 50-€-Schein und einem 20-€-Schein. Wie viel Geld bekommt sie zurück?

1,08 € · 58 = 62,64 € 70,00 € – 62,64 € = 7,36 €
Antwort: Sie bekommt 7,36 € zurück.

Schnell ans Ziel
… 6 h 7 min … kommt um 18.14 Uhr … an. Wann ist der Zug abgefahren?

18.14 Uhr $\xrightarrow{-\text{ 6 h 7 min}}$ 12.07 Uhr
Antwort: Er ist um 12.07 Uhr abgefahren.

Seite 62–65

Fußballweltmeisterschaft
… Stuttgart und Berlin ausverkauft. Wie viele Zuschauer sind das insgesamt? Stuttgart: 53 500 Zuschauer Berlin: 69 000 Zuschauer
53 500 + 69 000 = 122 500
Antwort: Insgesamt sind es 122 500 Zuschauer.

Große Ferien
… 48 743 km … nach 6 Wochen – 51 543 km … 7,4 l auf 100 km.
Wie viel Liter Benzin musste Familie Toury tanken?
51 543 km – 48 743 km = 2800 km 2800 : 100 = 28 7,4 l · 28 = 207,2 l
Antwort: Sie musste 207,2 l tanken.

Stadtbesichtigung
… 9.45 Uhr … nach $1\frac{1}{4}$ Stunden laufen sie weiter … um 15.30 Uhr … Eiscafé … um 16.10 Uhr … Stadtrundfahrt … um 22.30 Uhr … zurück.
Wie lange waren sie ohne die Pausen unterwegs?

9.45 Uhr $\xrightarrow{+\text{ 12 h 45 min}}$ 22.30 Uhr
Pausen: $1\frac{1}{4}$ h = 1 h 15 Minuten 15.30 Uhr $\xrightarrow{+\text{ 40 min}}$ 16.10 Uhr
1 h 15 min + 40 min = 1 h 55 min
12 h 45 min – 1h 55 min = 10 h 50 min
Antwort: Sie waren 10 h 50 min unterwegs.

Klangerlebnis
… zahlen 240 € an … 6.Teil des Kaufpreises … Rest in 16 Monatsraten.
Frage 1: Wie teuer ist die Stereoanlage?
Frage 2: Wie hoch ist eine Rate?
240 € · 6 = 1440 € 1440 € – 240 € = 1200 € 1200 € : 16 = 75 €
Antwort 1: Die Stereoanlage kostet 1440 €.
Antwort 2: Eine Rate beträgt 75 €.

Müllprobleme

… 120-l-Tonne – wöchentlich geleert … 140-l-Tonne – 27-mal pro Jahr.
Frage 1: Was bezahlt Familie Unrat? Frage 2: Was bezahlt Familie Sparsam? Frage 3: Wer zahlt wie viel weniger?

4,95 € · 52 = 257,40 €   257,40 € + 45,25 € = 302,65 €
5,65 € · 27 = 152,55 €   152,55 € + 51,90 € = 204,45 €
302,65 € – 204,45 € = 98,20 €

Antwort 1: Familie Unrat zahlt 302,65 €.
Antwort 2: Familie Sparsam zahlt 204,45 €.
Antwort 3: Familie Sparsam zahlt 98,20 € weniger.

Übungen Seite 66/67

1. 25,95 € nach altem Tarif.   25 € < 25,95 €
   Antwort: Ja, nach dem neuen Tarif müsste sie weniger bezahlen.
2. 13 · 4 = 52   7 · 8 = 56   52 + 56 = 108   7 + 13 = 20
   Antwort: In dem Stall sind 13 Hasen und 7 Spinnen.
3. 1,5 l + 0,75 l + 0,5 l + 2,25 l = 5 l   5000 ml : 200 ml = 25
   Antwort: In der Bowlenschüssel sind 5 l, deshalb können 25 Gläser gefüllt werden.
4. 8395 + 6135 · 8 = 57 475   151 123 : 7 = 21 589
   57 475 – 21 589 = 35 886   100 000 – 35 886 = 64 114.
   Antwort: Das Ergebnis ist 64 114.
5. Jan 1 Teil, Claudia 2 Teile, Peter 4 Teile
   1 + 2 + 4 = 7   3118,50 € : 7 = 445,50 €
   Peter: 4 · 445,50 € = 1782,00 €; Claudia: 2 · 445,50 € = 891,00 €;
   Jan: 1 · 445,50 € = 445,50 €.
   Antwort: Peter bekommt 1782,00 €, Claudia 891,00 €, Jan 445,50 €.
6. 8,35 · 3 = 25,05 m   Antwort: Der Lehrer muss die 50-m-Rolle kaufen, weil die Leinen zusammen 25,05 m sind.
7. 850 kg + 220 kg + 200 kg + 240 kg = 1510 kg
   1700kg – 1510 kg = 190 kg
   190 kg : 30 kg = 6 Kisten (10 kg bleiben übrig)
   Antwort: Es können noch 6 Kisten Bananen dazugepackt werden.

Maßeinheiten auf einen Blick

Geld

Cent	ct	
Euro	€	1 € = 100 ct

Beispiel: 1 € 25 ct = 1,25 € = 125 ct

Hohlmaße

Milliliter	ml	
Liter	l	1 l = 1000 ml

Längen

Millimeter	mm	
Zentimeter	cm	1 cm = 10 mm
Dezimeter	dm	1 dm = 10 cm
Meter	m	1 m = 10 dm
		1 m = 100 cm
Kilometer	km	1 km = 1000 m

Beispiel: 3 m 25 cm = 3,25 m = 325 cm
1 km 525 m = 1,525 km = 1525 m

Gewichte

Gramm	g	
Kilogramm	kg	1 kg = 1000 g
Tonne	t	1 t = 1000 kg

Beispiel: 2 kg 375 g = 2,375 kg = 2375 g
1 t 250 kg = 1,250 t = 1250 kg

Zeit

Sekunden	s	
Minuten	min	1 min = 60 s
Stunden	h	1 h = 60 min

Beispiel: 1 min 30 s = 90 s
1 h 40 min = 100 min

Andere Zeiteinheiten:

Tag	1 Tag hat 24 Stunden.
Monat	1 Monat hat 30 oder 31 Tage. Der Februar hat nur 28 oder 29 Tage.
Jahr	1 Jahr hat 12 Monate. 1 Jahr hat 365 oder 366 Tage.